层叠美味

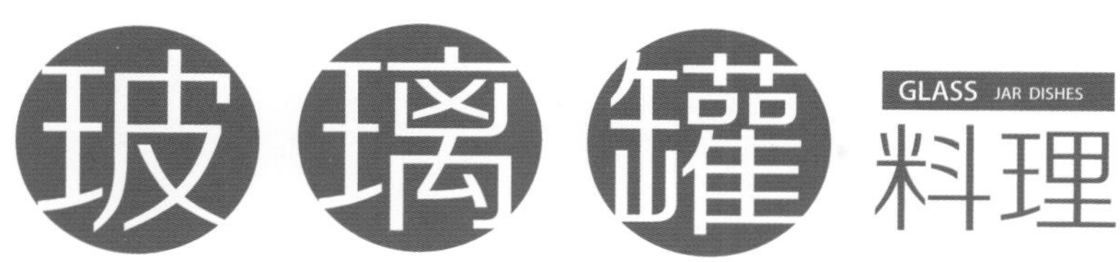

郑颖 主编

黑龙江科学技术出版社
HEILONGJIANG SCIENCE AND TECHNOLOGY PRESS

图书在版编（CIP）数据

层叠美味：玻璃罐料理 / 郑颖主编 . 一哈尔滨：黑龙江科学技术出版社，2017.9

ISBN 978-7-5388-9229-1

Ⅰ . ①层… Ⅱ . ①郑… Ⅲ . ①食谱 Ⅳ . ① TS972.12

中国版本图书馆 CIP 数据核字 (2017) 第 089780 号

层叠美味：玻璃罐料理

CENGDIE MEIWEI: BOLIGUAN LIAOLI

主　　编　郑　颖
责任编辑　徐　洋
摄影摄像　深圳市金版文化发展股份有限公司
策划编辑　深圳市金版文化发展股份有限公司
封面设计　深圳市金版文化发展股份有限公司
出　　版　黑龙江科学技术出版社
　　　　　地址：哈尔滨市南岗区建设街 41 号 邮编：150001
　　　　　电话：（0451）53642106 传真：（0451）53642143
　　　　　网址：www.lkcbs.cn www.lkpub.cn
发　　行　全国新华书店
印　　刷　深圳市雅佳图印刷有限公司
开　　本　723 mm × 1020 mm 1/16
印　　张　8
字　　数　120 千字
版　　次　2017 年 9 月第 1 版
印　　次　2017 年 9 月第 1 次印刷
书　　号　ISBN 978-7-5388-9229-1
定　　价　29.80 元

Preface 序言

生活在繁忙的大都市，每天为提高生活质量而劳碌奔波的人，是否关注过每日的饮食质量呢？俗话说“民以食为天”，如果连饮食质量都得不到保障，那所谓的“生活质量”只能是空中楼阁。

细数每天的工作餐，随随便便就能列出几大“罪状”。罪状一，食物种类少。我国营养学家呼吁，每人每天应摄取 10~15 种食物，以满足健康需要，日本营养学家更提出“每天至少吃 30 种食物”的建议。看看自己平日里吃的工作餐，远远达不到这一要求。罪状二，高油高盐。从餐馆买来的工作餐，往往为了追求味觉而忽视了健康标准，最明显的表现就是其油、盐含量严重超标，甚至有可能大量使用味精等增鲜剂，长期食用这样的食物，容易加重人体新陈代谢的负担，使身体的免疫力越来越低。罪状三，过度烹饪。高温煎炸、烘烤、脱水等过度烹饪方式，大大降低了食材原有的营养价值，甚至有可能产生致癌物质。罪状四，餐具存在健康隐患。一次性发泡塑料饭盒和塑料袋是导致病从口入的“帮凶”。当温度达到 65℃时，这些餐具中的有害物质将渗入到食物中，对人的肝脏、肾脏及中枢神经系统均有一定的损害。

为了和不健康的饮食方式说再见，我们找到了“玻璃罐料理”这一健康饮食方案，并精心策划和编写了这本书，推荐给讲究生活品质的你。

玻璃是安全、环保、无毒的健康材质，其熔制温度高达上千摄氏度，用玻璃器皿盛装任何食物都不用担心其释放有害物质。同时，圆柱形的玻璃罐看起

来小巧，容量可不容小觑，一只 500 毫升的玻璃罐如果塞满了食材，当一顿正餐完全没问题，而且将玻璃罐塞得越满，隔绝空气的效果越好，能达到天然的保鲜效果。圆形的罐子不占空间，出门前随手塞进拎包的角落就行。

除了以上的好处，玻璃罐料理最值得夸奖的，就是它的“高颜值”，随时随地拿出一罐，立即博人眼球，对生活的热爱无需用语言表达。

一旦开始学做玻璃罐料理，你会惊讶于天然食材的美妙。五彩缤纷的色泽、软硬互补的质地，无处不体现着大自然的神奇，让人不得不相信天然食材的疗愈力量。为什么红色食材对心脏好，橙色食材对眼睛好，绿色食材对肝脏好，紫色食材能延缓衰老，黑色食材对肾脏好？简单的小细节原来暗藏着大学问。

经过简单处理和精心搭配的天然食材，最大程度地保留了维生素、矿物质、膳食纤维及各种酶类和抗氧化物质，这些都是体内垃圾的“天敌”，帮人体赶走宿便、重金属、氧自由基等健康隐患，助你时刻保持活力，从根本上提升生活品质。

衷心地希望你能通过这本书找回健康与活力，感受生活的乐趣！

Contents 目录

Part 1 能量满分的玻璃罐料理

Part 2 低热量多维生素的玻璃罐料理

Contents 目录

Part 3 玻璃罐甜点

为什么用玻璃罐 

玻璃罐的密封性佳，一直以来都是贮存和携带液体食物的首选，其实，用玻璃罐装固体食物也非常适合，能将最难贮存和携带的沙拉，统统收入一罐！

① 外观满分

色彩缤纷的蔬菜、水果装在透明的玻璃罐里，外观上想不给满分都难！打开冰箱，扑面而来的“正能量”令人食欲大增，用来款待宾客，也体现出主人生活的精致与创意。

② 无毒无味

玻璃容器虽然简单、便宜，但却是最安全的食物容器。玻璃性能稳定，没有任何异味，而且无论在高温还是低温环境下，亦或是接触酸碱，都不会释放出有毒物质，可以放心使用。

③ 方便携带

只要选择一个带有密封盖的玻璃罐，就可以带着它到处走，“玻璃罐料理”适合工作、郊游等日常场合，甚至参加朋友聚餐、时尚派对也不用担心“颜值”问题。

④ 附有刻度

玻璃罐上一般都会附有刻度，直接刻在罐身上，安全无毒，方便查看，又不会磨损。因此制作玻璃罐料理时可以省去量杯，计量和食用一罐搞定！

⑤ 可重复使用

玻璃罐比塑料饭盒、金属饭盒更好清洗，尤其是沾上油之后，反复使用多少次都没问题。玻璃也很少会出现划伤、变形等问题，使用很久之后依然光亮如新。

⑥ 消毒简单

贮存蔬果类食材和熟食，容器最好是预先消过毒的，这样可以防止食物变质，延长保鲜期。玻璃罐耐高温，将其放在沸水中煮 10 分钟就可达到消毒的目的。

⑦ 保鲜性好

密封的玻璃罐可以很好地隔绝空气，让食材维持在新鲜状态好几天。而且透明的玻璃罐便于观察食材的新鲜度，避免误食变质的食物。

【本书的计量方法等说明】

○本书的计量方式按照国际通用的标准，即 1 大匙 = 15 毫升、1 小匙 = 5 毫升、1 杯 = 200 毫升。

○所有玻璃罐在装罐前均需进行消毒，如用沸水烫洗后自然晾干，文中不再另行说明。

○书中的玻璃罐料理一般为 1~2 人份，适合选用 500 毫升左右的玻璃罐来制作。但也有可能使用尺寸不同的玻璃罐，可根据自己的需要进行调整。

○本书标示的保鲜期限是概略值，具体操作时还需考虑季节因素及南北差异，建议尽早食用完毕。

○书中表述的对美容及健康方面的效果具有营养学根据，但会因个人体质不同而存在差异。

○水果、蔬菜等往往存在品种、大小的差异，书中推荐的分量不一定适合每一个品种的食材，酱料的添加量也不一定适合每个人的口味。具体分量请依照现实情况和个人喜好拿捏。

○不同的盐咸度不同，海盐比矿物盐咸度偏咸，因此其添加量也需视情况而定。

最佳搭档
“梅森罐”

梅森罐（Mason Jar）是1858年被发明出来的，是一种用于保存食物的玻璃罐，其中以Ball公司的产品最为知名。在西方国家，这种玻璃罐在日常生活中的使用非常频繁，近年来人们又拿它来装自制的沙拉，制成便于携带的料理，放进冰箱，随吃随取。

Ball

Ball是在美国有100年以上生产及销售梅森罐历史的老字号。Ball的商标和梅森罐的英文“MASON”都在罐身以浮雕的形式呈现，受到广大消费者的喜爱。

双层金属盖

如果仅仅是普通的玻璃罐，也没什么过人之处，但梅森罐有一个最大的优势，就是独特的双层金属盖设计。内盖为按压式，外盖为螺旋式，这样的双重构造相当于给罐内的食物上了“双保险”，大大增强了密封性能，达到长期保鲜的效果。此外，梅森罐还配有带孔的饮料专用盖子，便于插入吸管。

最常用的款式

窄口型

瓶口直径约7厘米，适合装各类沙拉、甜品、饮料等。可根据需要选择240毫升、480毫升和950毫升，最常用的为480毫升。

宽口型

瓶口直径约8.5厘米，更宽的瓶口适合做沙拉，将食物一层一层铺进瓶中更加方便。有五种容量可供选择，其中480毫升的可制作2~3人份的沙拉。

瓶身附有刻度

按照传统的方法制作沙拉时，一般都要选用量杯来量取食材和酱料，梅森罐上自带刻度显示，可以取代量杯，省去了很多麻烦。

其他的玻璃罐 

每个人家里多少都会有些空的辣酱瓶、果酱瓶、泡菜瓶、速溶咖啡瓶等，观察一下这些玻璃罐是否具有以下特征：

※ 从上到下的口径几乎一致，没有夸张的异形设计。

※ 罐口采用旋盖式，罐盖内侧有“防漏垫圈”或者其他防漏水设计。

※ 罐口较大，可以自由地伸入筷子或叉子。

※ 有一定的容量，在350毫升~550毫升。

如果家里的废旧玻璃罐满足以上特征，就可以“变废为宝”，用来做玻璃罐料理了！考虑到美观和卫生，我们还需要先处理一下玻璃罐。

1. 撕掉标签

用电吹风吹
将电吹风调到热风，对着标签表面吹，待标签有些发热时，从边缘慢慢撕掉即可。

用热水泡
对于水溶性的粘胶，只需将玻璃罐放进热水中浸泡片刻，标签便会自动脱落。

用酒精擦拭
对于撕不干净的强力粘胶，可将粘胶处泡在医用酒精中，静待5~10分钟，再用抹布擦拭掉即可。

用胶带粘掉
对于残留的少量强力粘胶，可用黏度较好的胶带，直接粘在有胶的地方，然后猛地撕起，反复几次，即可将粘胶去掉。

2. 去除异味

敞开口放置
如果玻璃罐只有轻微的异味，可将其清洗干净后，敞开口放置在通风的地方，过几天异味即可散去。

用洗洁精洗
如果异味隐藏在瓶内或盖子的“死角”处，可用蘸有洗洁精的百洁布仔细清洗罐身及罐盖，并注意将洗洁精彻底冲洗干净。

用黄芥末
在玻璃罐中加入1勺黄芥末酱，然后注入热水，盖上盖子，摇晃一会儿，使芥末酱水冲洗到瓶内各个角落，最后冲洗干净即可。

如果打算选购新的玻璃罐，除了遵循以上挑选原则外，最重要的是按照自己的需要，选择合适的大小。注意，食材之间要尽量避免出现空隙，以免加速腐败，因此玻璃罐并非越大越好，并且圆形的玻璃罐会比四角罐更实用。

玻璃罐料理的制作流程 

制作玻璃罐料理，最重要的秘诀是掌握放入食材的顺序。

食材投入的顺序合理，不仅取食方便，而且能防止腐败，延长保鲜期。

1 准备好食材和酱料，并把食材洗净、晾干、切成便于取食的小块。

POINT

食材上的水分越少，保鲜期越长。焯水的食物尽量放凉再装。

2 在消毒晾干的玻璃罐中放入酱料。

3 先放水分较少的食材或者想让其充分吸入酱汁的食材。

4 再依次放入较硬的食材→水分较多的蔬菜→通心粉等主食类→质地较柔软的蔬菜→新鲜的叶菜。如果想放入坚碎做装饰，可撒在最上层。

POINT

叶菜类要沥干，以免水流到下层。

5 盖紧盖子，放入冰箱的冷藏室保存。

POINT

为了使瓶中的空气尽可能少，食材要铺得紧密一些，宁多勿少。

6 直接食用或者倒入盘中享用。

POINT

如果预计 2 天以后才食用，最好选择有双层密封盖或有密封圈的玻璃罐。

让玻璃罐料理更美味的“小秘密”

玻璃罐料理的食材处理非常简单，想做出来更好吃，需要掌握一些秘诀。以下六个“小秘密”就能帮你轻松提升料理的口感。

秘密一：确保食材“最新鲜”

别以为只要是生菜，做出来的玻璃罐料理就会是一个味道！食材的新鲜度越高，做出来的玻璃罐料理越美味。买回来放了两天的生菜自然不如刚买来的生菜清甜脆嫩。

秘密二：首先做酱料

原料都准备好了，接下来先处理食材还是先做酱料呢？答案是先做酱料！因为做好的酱料放置片刻会更加美味，在放置的过程中各种调料的味道会很好地融合在一起。

秘密三：慢慢加调味料

沙拉最有趣的地方在于，每个人做出的沙拉味道都不同！其实每个人喜好的口味也不可能完全相同，所以在调制酱料的时候，不妨慢慢加入每一种调料，边尝边增加用量。

秘密四：调酱料时最后放油

如果制作酱料的原料有4~5种，加的先后顺序也会对口感有一定影响。一般来说，应先放易于相互溶解的调料，最后再放油，这样才能充分拌匀。

秘密五：利用食材原本的味道

对于选用的食材需要具有一定的“敏感性”，根据食材本身的味道调整酱料的用量，比如选用了坚果类食材，就可以在酱料里少加些油，以免吃起来太腻。

秘密六：备个小盒子装多余的酱料

酱料只能放在最底层，如果制作的是半固体的酱料，就很难拌匀，所以装酱料时不妨只放2/3，把剩下的1/3单独装在一个小盒子里，边吃边加入。

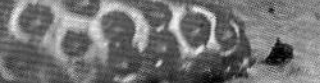

玻璃罐料理的健康法则

10 个能帮助开启健康生活的好习惯

玻璃罐料理是健康生活的开始，
除此之外，还有一些日常饮食的好习惯，
在这里一起介绍给您。
改变饮食方法和膳食结构，
正是学做玻璃罐料理的美好初衷！

01
晨起喝杯白开水

早上起床后，第一件事就是喝一杯温水。晨起饮水有助于加速血液流动，将体内的代谢废物排出，还能提高新陈代谢速度，唤醒肠胃。煮沸后自然冷却的凉开水最容易透过细胞膜，是每天“第一杯水”的最佳选择。

02
每天喝一两杯蔬果汁

新鲜的蔬菜、水果中富含维生素、矿物质，以及多种酶类，这些都是维持人体新陈代谢不可或缺的物质。每天饮用1~2杯鲜榨的蔬果汁，可以有效缓解疲劳，改善新陈代谢。

03
有水肿现象可以喝苹果醋水

苹果醋里含有可以调节细胞内水分的钾元素，而且有利尿作用，因此对水肿非常有效。在玻璃罐中放入1大匙苹果醋，再加入1杯常温的水，苹果醋水的制作就完成了。

04
下午饮水有助排毒

多喝水可以帮助身体排出废物，但喝水的时间也有讲究。下午2到5点是最佳的喝水时间，尤其能有助排出膀胱、肾中的毒素，但注意下午喝水之后切勿憋尿，否则会伤身。

05

用餐时不喝水

用餐时如果大量喝水，会导致食物还没来得及嚼碎就吞了下去，这样口腔中分泌的有助于食物消化的唾液就会不足，胃中的消化液也会被稀释，对身体的消化和吸收非常不利。

06

首选不含咖啡因的饮料

咖啡、茶等饮料中含有具提神效果的咖啡因，但咖啡因对人体有一定的刺激作用，应尽量少喝。较不具刺激性且能调理内分泌的草本饮品是较好的选择，如果想提神，可加些薄荷。

07

适当摄取脂肪

脂质有让肠胃蠕动更顺利以及促进代谢的功能，此外也能改善便秘、调理体寒。含有脂质的植物性食物如坚果、橄榄油等和蛋肉类、牛奶、海鲜等应均衡摄取。

08

食用大量新鲜蔬果

蔬菜中的膳食纤维含量远远高于水果，而且属于粗纤维，排毒效果更佳，因此不能用水果完全替代蔬菜。日常食谱中务必包含根茎类、叶菜类、豆类、菌菇类等各种蔬菜。

09

谷物摄取需适度

谷物富含糖类，是提供身体活动能源的食物，而且富含膳食纤维和 B 族维生素。但谷物的摄取需适量，尤其是粗粮，不宜一次食用过多，以免影响身体对其他矿物元素的吸收。

10

选择不含添加剂的食品

最好选择新鲜、天然的食材，经过简单的处理后食用，并尽量少添加富含化学添加剂的调味料。如果要购买加工类食品，要仔细阅读成分表，选择没有添加保鲜剂或防腐剂的商品。

Part 1 能量满分的玻璃罐料理

玻璃罐中并非只能装水果、蔬菜，
只要搭配合理，任何你想得到的食材，
无论是肉类，还是米、面、粉等主食类，
统统可以“进罐”，
随手开启一罐，
立即将能量加至满分。

2507
KJ
+
橙汁 1 杯
=
2591
KJ

鸡腿肉荷包蛋饭

鸡蛋、鸡腿肉、生菜的搭配，简易的制作手法，给你健康与美味的双重满足。
去皮鸡腿肉含更少热量，有瘦身需要的人士可选择去皮鸡腿肉。

享受家常健康滋味

选用日常熟悉的材料，鸡蛋、鸡腿肉、米饭等食物保证蛋白质、糖类的摄入量，鲜爽的西红柿、生菜富含维生素与膳食纤维，再加上有“森林奶油”美称的牛油果，配以家常的酱汁，稍做搭配即可享受健康美食。

材料

鸡蛋……1个
食用油……1/2小匙
熟米饭……100克
熟鸡腿肉……80克
牛油果（切成小方块）……1/4个
西红柿（切成小方块）……1/2个
生菜（用手撕成小片）……1片

酱料

酱油……1大匙
醋……1小匙
蒜末、葱末……少许

做法

1. 平底锅中倒入食用油，烧热，打入鸡蛋，煎成一个瓶口大小的荷包蛋，可用玻璃罐的盖子把多余的蛋白部分切除。
2. 将酱料混合均匀，制成拌酱。
3. 依照拌酱、鸡腿肉、熟米饭、牛油果、西红柿、生菜、荷包蛋的顺序，逐层放入玻璃罐中。

保存期限
冷藏3~4天

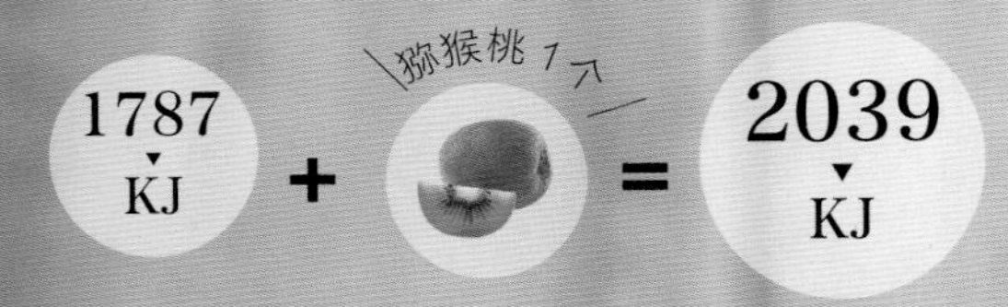
1787
KJ
+
猕猴桃 1个
=
2039
KJ

洋葱炒蛋鸡肉饭

酸甜的番茄酱可以提高食欲，让炒饭的味道更加适口。
鸡蛋、鸡腿肉富含蛋白质，胡萝卜、青豆提供维生素，一罐就能吃饱、吃好。

美容强身料理

洋葱可稳定血压，保护血管，增强身体的免疫力；青豆可促进人体新陈代谢，预防多种疾病，并能抑制黑色素生成，让皮肤细腻润泽；胡萝卜富含 β－胡萝卜素，具有补肝明目、预防皱纹的作用。此料理确实是美容强身的不二之选。

材料

食用油……1/2 小匙
鸡蛋……2 个
奶油……1/2 小匙
熟米饭……100 克
熟鸡腿肉（切成小丁）……50 克
紫洋葱（切成小丁）……1/8 个
胡萝卜（切成小丁）……1/4 个
青豆……20 克
生菜（用手撕成小片）……1 片
番茄酱……2 大匙
盐、胡椒粉……各少许

做法

1. 在平底锅中倒入食用油，加热，将鸡蛋打成蛋液，倒入锅中制成炒蛋，盛出凉凉。
2. 用平底锅加热奶油，倒入鸡腿肉、洋葱、胡萝卜、青豆翻炒片刻，再倒入米饭翻炒，最后加番茄酱、盐、胡椒粉调味。
3. 依照一半鸡肉饭、一半炒蛋、另一半鸡肉饭、另一半炒蛋、生菜的顺序，逐层放入玻璃罐中。

保存期限
冷藏 3~4 天

紫菜毛豆糙米饭

紫菜毛豆糙米饭

紫菜富含蛋白质、碘、磷、钙等，营养价值和药用价值都很高，是家中必备的“神仙菜”。

材料

糙米……1/3 杯
紫菜（干燥）……10 克
毛豆……50 克
甜玉米粒（罐头）……40 克
胡萝卜（切成细丝）……1/4 根
紫甘蓝（切成细丝）……20 克

酱料

白葡萄酒醋酱（p.62）……1.5 大匙

做法

1. 糙米淘洗干净后放入锅中，加大量的水煮沸后再煮 15 分钟，捞出沥干水分，凉凉。
2. 紫菜用沸水烫一下，毛豆烫至熟，沥干水分。
3. 依照酱料、紫菜、毛豆、糙米、甜玉米粒、胡萝卜、紫甘蓝的顺序，逐层放入玻璃罐中。

保存期限
冷藏约 1 天

鱼肉松炒蛋蔬菜饭

鱼肉松是由鱼类的肌纤维制成的金黄色绒毛状的调味干制品，风味独特，适合补充营养。

材料

熟米饭……100 克
熟白芝麻……1 小匙
盐……少许
食用油……1/2 小匙
鸡蛋……1 个
鱼肉松……20 克
苦菊（切成小段）……1 小把
生菜（用手撕成小片）……1 片

做法

1. 将熟米饭与熟白芝麻、盐混合均匀。
2. 在平底锅中加热食用油，将鸡蛋打成蛋液，倒入锅中制成炒蛋，盛出。
3. 依照一半米饭、炒蛋、另一半米饭、鱼肉松、苦菊、生菜的顺序装罐。

保存期限
冷藏约 4 天

1323
KJ
+
草莓汁 1杯
=
1532
KJ

薄荷鲜蔬小米饭

唾手可得的食材组合，养眼又养胃，是难得的“吃货”专属福利。
黄瓜排毒、薄荷提神，让你的夏日元气满满。

夏日的清新风味

小食材也有大惊喜！西红柿清热解毒，玉米可增强记忆力，黄瓜中所含的纤维素能促进肠内腐败食物排泄，薄荷所特有的芳香，更是提神的良方，使人精力倍增。随手组合便可享受到夏日的清爽可口风味。

材料

熟小米饭……………………80 克
甜玉米粒（罐头）…………1/2 杯
黄瓜（切成小方块）………1/2 根
西红柿（切成小方块）……1/2 个
葱（切成葱花）……………1/4 根
薄荷叶………………………1/2 杯

酱料

地中海风味油酱（p.62）…3 大匙

做法

把酱料倒入玻璃罐中，再依照甜玉米粒、黄瓜、西红柿、小米饭、葱花、薄荷叶的顺序，逐层放入玻璃罐中。

保存期限
冷藏约 1 周

2047
KJ
+
苹果 1个
=
2256
KJ

WIDE MOUTH

胡萝卜黄瓜薏米饭

薏米蒸成的米饭嚼感十足，比大米更加健脾，适合经常水肿的人食用。
各色蔬菜搭配地中海风味酱汁，不经意间品尝出异域风情。

给主食更多选择

薏米的营养价值很高，被誉为“世界禾本科植物之王”，是药食同源的佳品，日常食用作用和缓，极易被消化吸收。红腰豆在补血益气、增强免疫力方面效果显著。两者作为主食搭配，既能提供饱腹感，又满足了对饮食健康的要求。

材料

薏米................................1/3 杯
盐....................................适量
红腰豆（罐头）...............1/4 杯
胡萝卜（切成小丁）........1/2 根
黄瓜（切成小丁）............1/4 根
芹菜（切成小块）............1/4 根
牛油果（切成小块）........1/4 个

酱料

地中海风味油酱（p.62）...3.5 大匙

做法

1. 薏米洗净后放入锅中，加水、适量盐煮熟，捞出沥去水分，晾凉。
2. 在玻璃罐中放入酱料，再依次逐层放入红腰豆、胡萝卜、黄瓜、薏米、芹菜、牛油果。

保存期限
冷藏约 5 天

2327
KJ
+
香蕉 1 根
=
2704
KJ

西红柿酸甜薏米饭

西红柿、西蓝花、苹果醋等均可有效改善食欲不振，适合胃口不好的日子。
纯素料理色彩迷人，刺激食欲，减轻胃肠负担。

简约不简单的“减法”料理

生活中习惯了“加法”，偶尔用用“减法”会有意想不到的收获。简单的苹果醋酱汁搭配主食薏米，开胃又健脾。再配以杀菌消炎、降血脂的紫洋葱，清理血管的西蓝花，平肝清热的西红柿，顿时让你疲惫的身体焕然新生。

材料

薏米……1/2 杯
盐……适量
西红柿（切成小块）……1 个
紫洋葱（切成细末）……2 大匙
西蓝花……50 克

酱料

橄榄油……2 大匙
苹果醋……2 大匙
盐……适量

做法

1. 薏米洗净后放入锅中，加水、适量盐煮熟，捞出沥去水分，凉凉。
2. 西蓝花焯煮至断生，捞出沥干。
3. 将酱料倒入玻璃罐中拌匀，再依次逐层放入薏米、西红柿、紫洋葱、西蓝花。

保存期限
冷藏约 5 天

鲜香肉末海苔拌饭

调味酱料与蒜末、洋葱的搭配恰到好处。讲究的配色，让你领悟到吃进嘴里的食物对心情有着巨大的影响。

材料

熟米饭……100 克
海苔……1 小片
肉末……80 克
食用油……1 小匙
红甜椒（切成小块）……1/2 个
绿甜椒（切成小块）……1/2 个
洋葱（切成小块）……1/4 个
蚝油……1/2 大匙
鱼露……1/2 大匙
鸡蛋……1 个
生菜（用手撕成小片）……1 片

做法

1. 海苔用剪刀剪碎，与熟米饭充分混合均匀，待用。
2. 将一半食用油倒入平底锅中烧热，下入肉末、洋葱、红甜椒、绿甜椒翻炒，再加入蚝油、鱼露调味，盛出凉凉。
3. 用另一半食用油将鸡蛋煎成瓶口大小的荷包蛋。
4. 依照米饭、炒肉末、生菜、荷包蛋的顺序，逐层放入玻璃罐中。

保存期限
冷藏约 1 天

甜椒黑橄榄八宝饭

甜椒含丰富的维生素，黑橄榄中的维生素 C 与钙含量惊人，给你满分营养保障。

材料

芹菜（切成小方块）........1/2 根
黄瓜（切成小方块）........1/2 根
熟八宝饭..........................80 克
黑橄榄（切成圆片）........30 克
黄甜椒（切成小方块）.....1/4 个
红甜椒（切成小方块）.....1/4 个
生菜（用手撕成小片）.....1 片

酱料

白葡萄酒醋酱（p.62）.....1.5 大匙

做法

依照酱料、芹菜、黄瓜、八宝饭、黑橄榄、黄甜椒、红甜椒、生菜的顺序，逐层放入玻璃罐中。

保存期限
冷藏约 3~4 天

1055 KJ

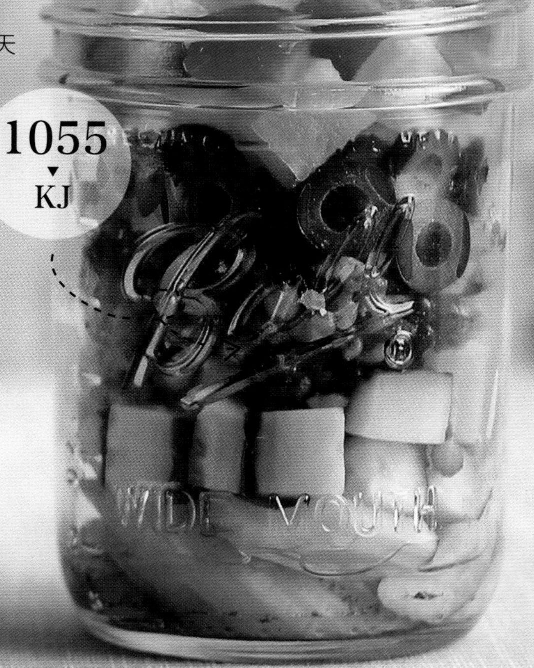

1494
KJ
+
苹果汁 1杯
=
1704
KJ

WIDE

金银米高纤能量饭

小米富含人体必需的氨基酸，可缓解精神压力，是上班族的减压首选。
牛油果中植物油脂含量高，可以让人减少饥饿感，有效控制体重。

美肌混搭风

水润的圣女果、鲜脆的黄瓜、爽嫩的豆苗、爽滑的牛油果、辛辣的洋葱，营养丰富的蔬菜、水果给肌肤健康保障，配上精心搭配的“金银米”，混搭起来让层次感倍增，吃起来心情大好，边吃边让肌肤焕发光彩。

材料

大米……1/3 杯
小米……1/4 杯
洋葱（切成细末）……1 大匙
胡萝卜（切成小丁）……1/4 根
黄瓜（切成小丁）……1/4 根
牛油果（切成薄片）……8 片
豆苗……适量
圣女果（对半切开）……2 个

酱料

苹果醋……1/2 大匙
酱油……1/2 大匙
黑胡椒……1/2 小匙
盐……1/3 小匙

做法

1. 将大米、小米淘洗干净，一起蒸成金银米饭，凉凉待用。
2. 豆苗用沸水焯片刻，捞出沥干。
3. 将酱料倒入玻璃罐中拌匀，再依次逐层放入洋葱、胡萝卜、黄瓜、金银米饭、牛油果、豆苗、圣女果。

保存期限
冷藏约 3 天

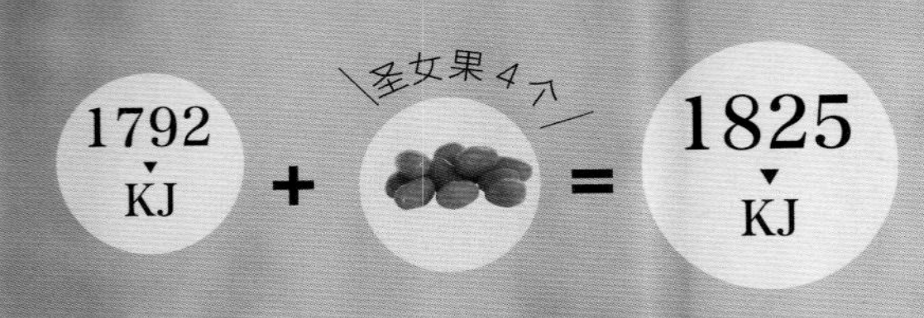
1792
KJ
+
圣女果 4 个
=
1825
KJ

韩式什锦泡菜饭

甜辣的泡菜汁充分渗透到肉末中，堪称“下饭佳品”，脆爽的生菜则可以解腻。
制作简易且味道浓郁，独具韩式风味，一试便难忘。

料理也玩韩国风

配备韩国料理中或餐桌上必不可少的甜辣酱、辣白菜与泡菜，这道料理就能手到擒来，泡菜富含乳酸，可刺激消化腺分泌消化液，帮助食物的消化吸收。这罐色香味俱全的料理，让你的餐桌也刮起一股浓浓的韩国风。

材料

- 肉末……80克
- 酱油……2小匙
- 韩式甜辣酱……1小匙
- 蒜末……1/3小匙
- 香油……1/2小匙
- 熟米饭……100克
- 辣白菜（切成小块）……50克
- 韩式什锦泡菜……50克
- 生菜（用手撕成小片）……1片

做法

1. 肉末放入平底锅中炒至变色，加入酱油、韩式甜辣酱、蒜末继续炒至入味，淋上香油拌匀，盛出凉凉。
2. 依照炒肉末、一半米饭、韩式什锦泡菜、另一半米饭、辣白菜、生菜的顺序，逐层放入玻璃罐中。

保存期限
冷藏3~4天

1930
KJ
+
橙汁 1 杯
=
2139
KJ

毛豆意大利螺旋面

螺旋形的意大利面可以轻松填满空间，延长料理的保鲜期，同时便于取食。
油醋酱是经典意大利面的正宗搭配，毛豆、圣女果、生菜巧妙地均衡了营养。

与浪漫情调零距离

这道料理中选料的搭配既简单又有创意。意大利螺旋面造型独特，富含糖类，毛豆可为身体补充优质蛋白，圣女果鲜甜多汁又清热解毒。养眼美食兼顾健康，静静品尝精致的西式美味，享受与浪漫情调零距离的惬意。

材料

意大利螺旋面..................1 杯
毛豆................................1 杯
圣女果（切成薄片）........2 个
生菜（用手撕成小片）.....2 片

酱料

油醋酱（p.61）...............3 大匙

做法

1. 螺旋面煮熟，注意不需要煮得太软，捞出过一遍凉水，沥干。
2. 毛豆下入沸水中焯烫至熟，捞出，沥干水分。
3. 依照酱料、螺旋面、毛豆、圣女果、生菜的顺序，逐层放入玻璃罐中。

保存期限
冷藏约 1 天

三文鱼洋葱意面

虾仁奶酪通心粉

1859 KJ

1896 KJ

虾仁奶酪通心粉

虾仁高蛋白低脂肪，含多种矿物质，四季豆、洋葱促进新陈代谢，这罐料理能使气色得到调节。

材料

意大利通心粉……………………30 克
橄榄油………………………………1 小匙
四季豆（切成小段）……..2 根
虾……………………………………6 只
洋葱（切成薄片）…………1/8 个

酱料

番茄酱……………………………2 大匙
奶酪碎……………………………1 小匙

做法

1. 通心粉煮熟，可以煮得稍软，捞出过一遍凉水，沥干，并拌上橄榄油。
2. 四季豆焯水至熟透，捞出，沥干水分。
3. 虾剔除虾线，用沸水汆汤熟，捞出。
4. 将番茄酱、奶酪碎放入玻璃罐，再逐层放入洋葱、虾仁、通心粉、四季豆。

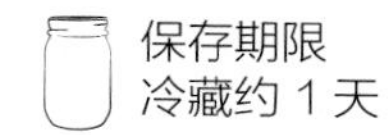
保存期限
冷藏约 1 天

三文鱼洋葱意面

三文鱼属水中珍品，富含不饱和脂肪酸，可防治心血管疾病，常食还有助于养颜、抗衰老。

材料

天使意面…………………………40 克
橄榄油……………………………1 小匙
三文鱼罐头………………………80 克
洋葱（切成薄片）…………1/8 个
西红柿（切成小块）……..1 个
生菜（用手撕成小片）…..1 片

酱料

油醋酱（p.61）……………3 大匙
蒜末………………………………1/2 小匙

做法

1. 将天使意面折成一半长度，煮熟后过一遍凉水，沥干，拌上橄榄油。
2. 三文鱼从罐头盒中捞出，撕成小条。
3. 将油醋酱、蒜末倒入玻璃罐中，再依次逐层放入洋葱、三文鱼、天使意面、西红柿、生菜。

保存期限
冷藏约 1 天

2223
KJ
+
苹果汁 1杯
=
2432
KJ

牛油果酱培根意面

选用新鲜的牛油果制成酱汁，纯天然，营养又美味。
幼细的天使意面，夹着培根的咸香，一口下去就迸发出幸福感。

好搭配能量无限

一道料理，有菜有肉总能让人爱不释手。培根独特的熏烤气息十分诱人，为身体提供满满的元气；圣女果新鲜多汁，养胃清肝，提供丰富的维生素 C 和膳食纤维。这道料理兼具强烈和清新的口感，有肉而不腻，有菜而不寡淡，堪称完美搭档。

材料

天使意面..........................40 克
橄榄油.............................1 小匙
培根................................4 片
黄油................................1 小块
圣女果（对半切开）........3 个
生菜（用手撕成小片）.....1 片

酱料

牛油果（压成泥）...........1/2 个
洋葱（切成细末）...........1/8 个
橄榄油.............................1 小匙
柠檬汁.............................1 小匙
蒜末、盐、黑胡椒碎........各少许

做法

1. 将天使意面折成一半长度，煮熟后过一遍凉水，沥干，再拌上橄榄油。
2. 培根切成小块，用黄油煎熟。
3. 将酱料混合均匀，制成拌酱。
4. 依照拌酱、天使意面、培根、圣女果、生菜的顺序，逐层放入玻璃罐中。

保存期限
冷藏约 1 天

946
KJ
+
橙汁 1 杯
=
1155
KJ

黄瓜苹果乌冬面

让酸甜口感的乌冬面，给你一次极佳的清爽体验，这也是排泄不畅者的福音。
蔬菜吃到大快朵颐。芥末的辛辣，赶走身体上的不畅。

恢复生机与活力

黄瓜与苹果携手，帮助排出体内毒素，使身体重新恢复活力，焕发生机。芹菜含多种维生素与膳食纤维，还能为身体补充钙质。乌冬面口感弹滑，含有高质量的糖类，迅速补充能量。这道玻璃罐料理冷藏后食用口味更佳。

材料

冷冻乌冬面……………………1 团
芹菜（切成粗丝）…………1/4 根
黄瓜（切成粗丝）…………1/2 根
圣女果（对半切开）………3 个
苹果（切成薄片）…………1/2 个
豆芽………………………………1 小把

酱料

香油………………………………3 大匙
酱油………………………………1 大匙
苹果醋……………………………1 小匙
熟白芝麻…………………………2 大匙
芥末酱……………………………少许

做法

1. 乌冬面下入沸水中烫熟，捞出过一遍凉水，沥干水分。豆芽下入沸水中焯片刻，捞出沥干水分。
2. 将酱料混合均匀，制成拌酱。
3. 依照拌酱、乌冬面、芹菜、黄瓜、圣女果、苹果、豆芽的顺序，逐层放入玻璃罐中。

保存期限
冷藏约 1 天

1842
KJ
+
葡萄 6 颗
=
1892
KJ

香拌鸡肉松挂面

水煮蛋为口感清爽的挂面补充了优质蛋白质，增强饱腹感。
利用生菜等叶菜在不提高热量的前提下加大玻璃罐料理的分量，提供膳食纤维。

喷香诱人料理

鸡肉松色泽金黄，营养丰富，与酱汁拌在一起，看着就让人流口水。轻轻一拌，就成了一道喷香诱人的“干拌面”，芝麻酱的浓郁搭配香辣的老干妈酱，更有黄瓜的脆爽清香，绝对是一道备受欢迎的家常美味。

材料

挂面................................1 小把
香油................................1/2 小匙
鸡肉松.............................60 克
黄瓜（切成细丝）............1/3 根
水煮蛋（切成 8 等分）.....1 个
生菜（用手撕成小片）.....1 片

酱料

芝麻酱.............................1/2 大匙
老干妈辣酱......................1 小匙
香油................................1/2 小匙

做法

1. 挂面煮熟，过一遍凉水增加弹性，沥干水分放入碗中，加入香油拌匀，待用。
2. 把所有的酱料混合均匀，然后拌入鸡肉松。
3. 依照鸡肉松、挂面、黄瓜、水煮蛋、生菜的顺序，逐层放入玻璃罐中。

保存期限
冷藏约 1 天

1390
KJ
+
苹果 1个
=
1599
KJ

ASON

紫菜虾皮凉面

紫菜、虾皮“海味”十足，经常食用令你健康、美丽都有保障。
蕨根粉、毛豆都是夏季消暑的优质食材，紫苏则能有效预防风热感冒。

享用大自然的馈赠

紫菜富含碘、磷、钙，虾皮含丰富的蛋白质和矿物质，二者对增强体质有极大的帮助。日式拌酱中加入酸梅汤，使酱汁更具开胃消暑的功效，与蕨根粉十分“般配”，为夏日带来丝丝清凉。简单又正统的美味，让你尽情享受餐桌上的美好时光。

材料

蕨根粉……40 克
黄瓜（切成小方块）……1/2 根
毛豆……60 克
紫菜（干）……10 克
虾皮……8 克
紫苏叶……适量

酱料

日式拌酱（p.63）……2 大匙
酸梅汤……1 大匙

做法

1. 蕨根粉煮熟，捞出过一遍凉水，沥干水分。
2. 紫菜下入沸水中焯烫片刻，捞出沥干。毛豆烫熟，捞出沥干水分。
3. 将日式拌酱、酸梅汤倒入玻璃罐中混匀，再逐层放入黄瓜、蕨根粉、毛豆、紫菜、虾皮、紫苏叶。

保存期限
冷藏约 1 天

1457
KJ
+
橙汁 1 杯
=
1666
KJ

杂蔬鲜香双面

谁说一罐料理不能放两种主食？这道料理就是要颠覆单调的搭配方式。
荞麦面、蕨根粉都是营养一流的“黑色食材”，更有杂蔬混搭，排毒功力十足。

拯救单调的配餐

荞麦面的膳食纤维含量是一般精面的 10 倍，更含有铁、锰、锌等元素，具有很好的营养保健作用，菠菜、红甜椒、胡萝卜等蔬菜富含抗氧化物质，搭配清香的新鲜豆类，酱汁中加入黑芝麻，给你不一样的舌尖惊喜，也提升活力。

材料

荞麦面............................30 克
蕨根粉............................20 克
紫洋葱（切成细末）........1/8 个
橄榄油............................1 小匙
红甜椒（切成粗丝）........1/2 个
毛豆................................40 克
胡萝卜（切成细丝）........1/4 个
菠菜................................1 小把

酱料

花生酱............................1/2 大匙
米醋................................1/2 小匙
酱油................................1/2 小匙
甜辣酱............................1 大匙
橄榄油............................1 大匙
黑芝麻............................适量

做法

1. 荞麦面、蕨根粉分别煮熟，捞出过一遍凉水，沥干水分。蕨根粉中拌入橄榄油和紫洋葱末。
2. 毛豆、菠菜分别下入沸水中烫熟，捞出沥干。
3. 把所有的酱料混合均匀，制成拌酱。
4. 依照拌酱、荞麦面、红甜椒丝、毛豆、胡萝卜丝、菠菜、蕨根粉的顺序，逐层放入玻璃罐中。

保存期限
冷藏约 1 天

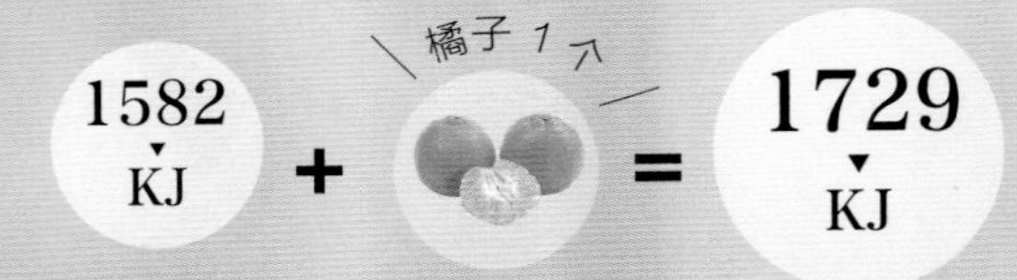
1582
KJ
+
橘子 1 个
=
1729
KJ

海带三丝速食面

不妨选用最简单的材料，只要用心，就能轻松完成一道令人心仪的料理。
速食面也有健康吃法，只有想不到，没有做不到。

市井美食的“健康范儿”

简单的食材华丽转身后就是吃不腻的日常美味。想吃方便面又担心不健康？何不试试这道简单的料理。加上一些自己的创意，就能把方面便吃出“健康范儿”。海带中含有可溶性膳食纤维藻胶，藻胶能吸收水分使大便软化，从而具有促进排便的作用。

材料

方便面……………………………半块
香油………………………………1/2 小匙
食用油……………………………1/2 小匙
鸡蛋………………………………1 个
海带（湿）………………………20 克
黄瓜（切成细丝）………………1/3 根
火腿片（切成细丝）……………2 片

酱料

酱油………………………………2 小匙
醋…………………………………1 大匙
水…………………………………1/2 大匙
白糖………………………………1/2 小匙
香油………………………………1 小匙
熟白芝麻…………………………1 小匙

做法

1. 方便面下入沸水中煮至八成熟，捞出过一遍凉水，拌上香油。
2. 用平底锅加热食用油，将鸡蛋打成蛋液，煎成蛋饼，凉凉后切成丝。
3. 把所有的酱料混合均匀，制成拌酱。
4. 依照拌酱、海带、方便面、黄瓜丝、火腿丝、蛋皮丝的顺序，逐层放入玻璃罐中。

保存期限
冷藏约 1 天

933
KJ
+
猕猴桃 1个
=
1143
KJ

白萝卜油菜粉丝

姜蒜酱与白萝卜的辛辣完美互补，提鲜开胃，为这道料理增加了食用的快感。
葡萄柚酸甜清香，拥有难以取代的独特风味。松仁则提升了整体质感。

果蔬主食一起来

营养学认为，食物的种类越丰富，营养价值就越高。这道美味料理将主食、蔬菜、蔬果、坚果融为一“罐”，营养自然更加均衡。白萝卜的厚实，油菜的鲜甜，粉丝的爽滑，葡萄柚的清香，松仁的香脆，加上姜蒜酱的辛辣，使食材的原始美味得到释放。

材料

白萝卜（切成薄片）........60 克
葡萄柚（取出果肉）........4 片
圣女果（切成圆片）........3 个
粉丝................................15 克
松子仁.............................1 大匙
油菜................................4 棵

酱料

姜蒜酱（p.61）..............3 大匙

做法

1. 粉丝泡发后沥干水，用剪刀剪成容易食用的长度，下入沸水焯煮至断生，捞出沥干。
2. 油菜下入沸水中焯烫片刻，捞出，沥干水分。
3. 依照酱料、白萝卜、葡萄柚、圣女果、粉丝、松子仁、油菜的顺序，逐层放入玻璃罐中。

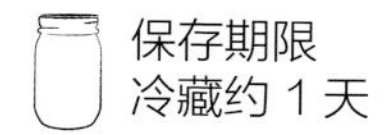
保存期限
冷藏约 1 天

1720
KJ
+
橙汁 1杯
=
1930
KJ

酱香牛肉泡菜粉丝

轻轻一拌，粉丝吸饱了肉汁，既有满足感、饱腹感，热量又不太高。
什锦泡菜和碎肉搭配让营养更均衡，当一份简单的午餐绝对没问题。

玻璃罐料理巧变“味觉系”

谁能够抵挡住牛肉的滑嫩鲜美？不仅美味，牛肉还具有强大的补脾胃、益气血、强筋骨等功效。常吃泡菜可以增加肠胃中的有益菌，抑制肠道中的致病菌，增加身体抵抗力。芝麻又能润肠、抗衰老，芝麻蛋白易被人体吸收利用。众多一级食材让人垂涎三尺。

材料

粉丝……25 克
牛肉（切碎）……80 克
食用油……1/2 小匙
韩式什锦泡菜……80 克

酱料

酱油……1 大匙
白糖……1 小匙
熟白芝麻……1 小匙
大蒜（切末）……1/3 小匙

做法

1. 粉丝泡发后沥干水，用剪刀剪成容易食用的长度，下入沸水焯至断生，捞出沥干。
2. 用平底锅加热食用油，放入牛肉碎迅速拌炒，再加入所有的酱料拌匀。
3. 将炒好并稍微冷却的牛肉倒入玻璃罐中，再依次逐层放上粉丝、韩式什锦泡菜。

保存期限
冷藏约 1 天

1465
KJ
+
橘子 1个
=
1612
KJ

菜心牛油果烤吐司

选料的用心，搭配的精致，形成玻璃罐料理的独特美感。
下午茶首选，能量刚刚好，陪伴你的每个欢乐时刻。

午后的小资情调

多种蔬果与吐司的结合别出心裁，给你带来意想不到的味觉享受。吐司含有蛋白质、糖类，口味多样，易于消化、吸收，简单吃进健康美味。加入千岛酱与柠檬汁的蔬果更能刺激食欲。

材料

菜心……………………………5~6 棵
黄瓜（切成小块）…………1/3 根
圣女果（切成 4 瓣）……2 个
牛油果（切成小块）……1/2 个
原味方吐司…………………1~2 片
黄油……………………………1 小块

酱料

千岛酱…………………………2 大匙
柠檬汁…………………………1/2 小匙

做法

1. 用平底锅加热黄油，将吐司切成小方丁后放入锅中，煎至表面酥脆，呈金黄色，盛出凉凉。
2. 菜心下入沸水中焯烫至熟，捞出沥干水分。
3. 将千岛酱、柠檬汁倒入玻璃罐中，混合均匀，再逐层放入菜心、黄瓜、圣女果、牛油果、吐司。

保存期限
冷藏约 1 天

2068
KJ
+
橙汁 1 杯
=
2277
KJ

红腰豆蔬果锅巴

少吃一点肉，能量由蔬菜与锅巴提供也完美。
锅巴能健脾消食，与新鲜蔬果一起食用，避免了易上火的后顾之忧。

护心养心好料理

中医有“红色入心”之说，食用红腰豆、胡萝卜、西红柿能加强心脏功能，增强体质。给如此养生美味加上锅巴的香脆、牛油果的细腻甜香，又增添了满满的幸福感，轻松上手，健康又美味的料理，就这么简单。

材料

红腰豆（罐头）……………1/2 杯
胡萝卜（切成小块）……..1/4 根
西红柿（切成圆片）……..4~5 片
紫洋葱（切成粗粒）……..2 大匙
牛油果（切成小块）……..1/2 个
锅巴………………………….8~10 片
香菜（切成小段）………..2 根

酱料

莎莎酱（p.61）……………3 大匙

做法

依照酱料、红腰豆、胡萝卜、西红柿、紫洋葱、牛油果、锅巴、香菜的顺序，逐层放入玻璃罐中。

保存期限
冷藏约 1 天

自制天然酱料

除了选择市售的沙拉酱、番茄酱、辣椒酱、芝麻酱之外，使用天然食材调配出风味独特的酱料，也是制作玻璃罐料理的乐趣之一。

自制酱料的优点

① 健康

由于是亲手制作的，可以精心挑选最放心的原材料，尤其是油类，而且绝对不含任何添加剂及防腐剂。

② 简单

只要把几种原材料混合在一起搅拌均匀即可，省时省力，甚至可以直接在玻璃罐中进行调制，不用多洗一堆用具。

③ 美味

自制酱料可以根据个人口味和喜好进行调配，随意变化出多种口感，搭配不同的的食材，精致用心，拒绝将就！

④ 新鲜

不添加任何防腐剂，但香辛料本身就具有一定的防腐作用，油类也可以隔绝空气，轻松保鲜好几天。

莎莎酱

保鲜期：冷藏 5 天

材料

- 橄榄油…60 毫升
- 圣女果…3 个
- 洋葱…30 克
- 柠檬…1/2 个
- 苹果醋…1 大匙
- 辣椒粉…1 小匙
- 盐…1/2 小匙

做法

1. 圣女果、洋葱切成细末。柠檬挤出汁。
2. 将所有材料混合在一起，搅拌均匀。

TIPS 如果用来搭配肉类食材或者喜欢辛辣的口感，还可以加些蒜末，不仅味道更加丰富，而且具有促进新陈代谢、杀菌、解腻的作用。

姜蒜酱

保鲜期：冷藏 5 天

材料

- 香油…100 毫升
- 酱油…2 大匙
- 米醋…1 大匙
- 姜、蒜…各 10 克
- 白胡椒粉…少许

做法

1. 姜、蒜切成细末。
2. 将所有材料混合在一起，搅拌均匀。

TIPS 姜和蒜都是最具家常风味的调料，并且能促进血液循环、消除疲劳、增强食欲。这款酱料搭配蔬菜、肉类、主食皆可。

油醋酱

保鲜期：冷藏 7 天

材料

- 橄榄油…3 大匙
- 醋…1 大匙
- 柠檬…1/4 个
- 盐…1/3 小匙
- 黑胡椒碎…适量

做法

1. 柠檬榨成汁。
2. 将所有材料混合在一起，搅拌均匀。

TIPS 油醋酱起源于意大利，传统的油醋酱需要使用意大利香醋、红酒醋等，也可以用苹果醋代替。

地中海风味油酱

保鲜期：冷藏 5 天

材料

橄榄油…100 毫升
柠檬…1 个
黑胡椒…1/2 小匙
白胡椒…1/3 小匙
香叶…1 片
盐…1 小匙

做法

1. 柠檬对半切开，榨成汁。
2. 将所有材料混合在一起，搅拌均匀。

TIPS 这款清爽的柠檬风味油酱极具地中海风情，还可将柠檬汁换成意大利红酒醋、苹果醋等，或者加入法式芥辣酱 1 大匙。

白葡萄酒醋酱

保鲜期：冷藏 10 天

材料

橄榄油…4 大匙
白酒醋…2 大匙
白糖…1/2 小匙
盐…1/3 小匙
黑胡椒碎…少许

做法

将所有材料混合在一起，搅拌均匀。

TIPS 白葡萄酒醋简称白酒醋，是以还没成熟的白葡萄与香料、醋菌酿造制成，醋味淡，甜度较低，温和适口，可以与任何蔬菜搭配，吃起来非常清爽顺口。

多味芝麻酱

保鲜期：冷藏 5 天

材料

芝麻酱…3 大匙
橄榄油…80 毫升
柠檬…1/2 个
枫糖浆…1 小匙
蒜粉…1/2 小匙
盐…1/2 小匙

做法

1. 柠檬榨出汁，待用。
2. 将所有材料混合在一起，搅拌均匀。

TIPS 芝麻酱是中餐中的常用酱料。这款芝麻酱加入了酸味的柠檬汁，带有木质香气的甜味枫糖，以及辛辣味的蒜粉，口感独特诱人。

黑芝麻味噌酱

保鲜期：冷藏 5 天

材料

黑芝麻粉…3 大匙
香油…80 毫升
味噌酱…1 大匙
蜂蜜…1 大匙
苹果醋…1 大匙

做法

将所有材料混合在一起，搅拌均匀。

TIPS 黑芝麻磨成粉之后香气更加浓郁，能增进食欲，并具有滋阴补肾，防止皮肤和头发干燥的作用，加入味噌酱、蜂蜜和苹果醋能缓解黑芝麻的油腻感。

中式拌酱

保鲜期：冷藏 10 天

材料

酱油…3 大匙
醋…3 大匙
白糖…1/2 小匙
香油…2 大匙
熟白芝麻…2 小匙
盐…少许
黑胡椒碎…少许

做法

将所有材料混合在一起，搅拌均匀。

TIPS 中式拌酱以酱油、醋为基底，加入少许白糖以提升鲜香的味道，熟白芝麻适宜搭配多种家常食材，尤其是面食类主食。加入香油之后有助于酱料隔绝空气。

日式拌酱

保鲜期：冷藏 7 天

材料

酱油…1 大匙
醋…2 大匙
橄榄油…1 大匙
白糖…1 小匙
蒜末、姜末、
盐、黑胡椒碎
各少许

做法

将所有材料混合在一起，搅拌均匀。

TIPS 日式拌酱以酱油为基底，又加入了少许蒜末和生姜，吃起来有微微的辛辣感，适合搭配有肉片或绿色蔬菜的沙拉，能够调和口感。还可添加芝麻酱、辣椒酱等。

Part 2 低热量多维生素的玻璃罐料理

说到控制热量，
玻璃罐料理绝对是当仁不让的“低卡代表”，
不仅如此，
丰富的蔬果搭配还让一罐简单的沙拉包含了人体所需的各种维生素、矿物质，
营养加分不打折。

745
KJ
+
橙汁 1 杯
=
996
KJ

莎莎酱蔬果沙拉

莎莎酱是一款具有墨西哥风味的酱料，西红柿和辣椒粉的搭配让人一吃难忘。
蔬菜和水果完美地融合在一道沙拉中，奶酪更提升整体口感。

控制热量从酱料开始

市售的沙拉酱含较多的脂类和糖分，即使用来做纯蔬果沙拉，总热量也不会低。想要吃到健康的玻璃罐料理，不仅要慎选高纤低热的食材，还要学会运用低脂低糖的天然酱料。这道酱料加入了辣椒粉，更有助于加快新陈代谢。

材料

胡萝卜（切成小块）........1/3 根
花菜（切成小朵）............1/8 棵
芹菜（切成小块）............1/4 根
橙子（取果肉）...............4 片
奶酪碎...............................2 大匙
西蓝花（切成小朵）........1/8 棵

酱料

莎莎酱（p.61）...............3 大匙

做法

1. 花菜、西蓝花分别下入沸水中焯至熟，捞出沥干水分，凉凉。
2. 依照酱料、胡萝卜、花菜、芹菜、橙子、奶酪碎、西蓝花的顺序，逐层放入玻璃罐中。

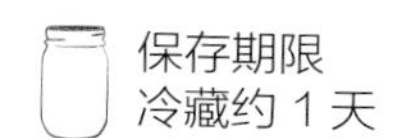

保存期限
冷藏约 1 天

1097
KJ
+
米饭 1 小碗
=
1942
KJ

鹰嘴豆西芹法式沙拉

加了很多富含膳食纤维及维生素的蔬果，可以帮助身体清理积存的垃圾。
鹰嘴豆充满异域风情，而且营养丰富。浓郁的奶酪搭配黑橄榄，味道不俗。

轻松享用地中海风味

这道玻璃罐料理选用的拌酱充满地中海风味，酸香中略带辛辣，既满足了口味，又可以润滑肠壁，搭配新鲜的洋葱、西芹、草莓等蔬果和富含膳食纤维的鹰嘴豆、杏仁片，能令排便更加通畅，排毒养颜。

材料

鹰嘴豆（提前泡软）........60 克
紫洋葱（切成丝）............50 克
西芹（切成薄片）............40 克
杏仁片............................20 克
草莓（切成薄片）............3 颗
黑橄榄（切成薄片）........2 大匙
生菜（用手撕成小片）.....1~2 片

酱料

地中海风味油酱（p.62）...3 大匙

做法

1. 把泡软的鹰嘴豆放入锅中煮熟，捞出，沥干水分，凉凉。
2. 西芹用沸水略焯一下，沥干水分，稍待凉凉。
3. 依照酱料、鹰嘴豆、紫洋葱、西芹、杏仁片、草莓、黑橄榄、生菜的顺序，逐层放入玻璃罐中。

保存期限
冷藏约 1 天

661
KJ
+
吐司 1片
=
1319
KJ

南瓜洋葱荷兰豆沙拉

南瓜和洋葱的经典搭配符合大众口味，加上荷兰豆口感更清脆。
选用味道微甜的天然食材，搭配咸香中略带酸甜的酱料，吃起来非常顺口。

一道罐沙拉，“三高”降下来

这道玻璃罐料理非常适合高血糖、高血脂、高血压的人食用。南瓜有很好的辅助降糖功效，紫洋葱是降血脂的优质食材，芹菜是高钾的“天然降压药”，三者一起食用口感也很不错。

材料

南瓜（切成小块）............1 杯
紫洋葱（切成丝）............1/4 个
芹菜（切成薄片）............1/4 根
荷兰豆.............................20 克
腰果.................................2 大匙

酱料

黑芝麻味噌酱（p.63）.....3 大匙

做法

1. 南瓜、荷兰豆用沸水烫熟，捞出，沥干水分，凉凉。
2. 把酱料倒入玻璃罐中，再依照芹菜、紫洋葱、南瓜、荷兰豆、腰果的顺序逐层放入。

保存期限
冷藏约 1 天

703
KJ
+
苹果1个
=
913
KJ

茄子甜椒黄瓜沙拉

清脆的黄瓜和甜椒，搭配软滑的茄丁、弹嫩的鸡胸肉，口感丰富。
甜椒富含维生素 C、胡萝卜素等强效抗氧化剂，常吃能美容养颜、预防疾病。

为身体补充优质蛋白质

富含蛋白质的食物很多，但其氨基酸比例不同，越接近人体蛋白质的氨基酸比例，蛋白质越容易被人体吸收利用，这种蛋白质称为“优质蛋白质”。鸡胸肉不仅是优质蛋白质的来源，而且脂肪含量低，非常健康。

材料

茄子（切成小块）............1/2 个
黄瓜（切成小块）............1/3 根
黄甜椒（切成小丁）........2 大匙
红甜椒（切成小丁）........2 大匙
鸡胸肉............................80 克
紫苏叶............................适量

酱料

姜蒜酱（p.61）...............3 大匙

做法

1. 鸡胸肉放入蒸锅中蒸熟，凉凉后用手撕成细丝。
2. 茄子、紫苏叶分别用沸水焯烫至熟，捞出，沥干水分，凉凉。
3. 把酱料倒入玻璃罐中，再依照茄子、黄瓜、红甜椒、黄甜椒、鸡胸肉、紫苏叶的顺序逐层放入。

保存期限
冷藏约 1 天

豆豉鱼西红柿沙拉

鸡胸肉蜂蜜黄芥末沙拉

豆豉鱼西红柿沙拉

加入蒜末的油醋酱更能提升口感。
大量新鲜蔬菜、水煮蛋，以及黑橄榄都很耐嚼，每一口都心满意足。

材料

豆豉鱼罐头……80 克
黄瓜（切成小方块）……1/2 根
黑橄榄（切成圆片）……30 克
西红柿（切成小方块）……1/2 个
水煮蛋（切成 8 等分）……1 个
生菜（用手撕成小片）……1~2 片

酱料

油醋酱（p. 61）……2 大匙
蒜末……少许

做法

1. 将酱料混合均匀，制成拌酱。
2. 依照拌酱、豆豉鱼、黄瓜、黑橄榄、西红柿、水煮蛋、生菜的顺序，逐层放入玻璃罐中。

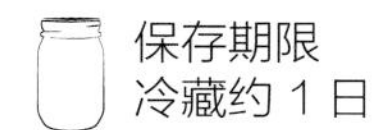
保存期限
冷藏约 1 日

鸡胸肉蜂蜜黄芥末沙拉

高蛋白、低热量的鸡胸肉是非常适合制作玻璃罐料理的材料，和黄芥末酱非常搭配。

材料

鸡胸肉……50 克
盐、胡椒粉……少许
莲藕（切成扇形小片）……50 克
胡萝卜（切成细丝）……1/4 根
芹菜（切成薄片）……1 根
米豆腐（切成小方块）……30 克
紫甘蓝（切成细丝）……20 克

酱料

油醋酱（p. 61）……1 大匙
黄芥末酱……1 大匙
蜂蜜……1/2 小匙

做法

1. 鸡胸肉用刀划几道，用盐、胡椒粉腌渍入味后，放入微波炉加热至熟，取出凉凉，撕成细丝。
2. 莲藕、胡萝卜焯至断生，捞出，沥干水分。
3. 把所有酱料混合均匀，调制成拌酱。
4. 依照拌酱、芹菜、莲藕、胡萝卜、米豆腐、鸡胸肉、紫甘蓝的顺序，逐层放入玻璃罐中。

保存期限
冷藏 2~3 日

1528 KJ
+
米饭 1 碗
=
2013 KJ

牛蒡萝卜香菇沙拉

牛蒡、萝卜都是对身体极为有益的根菜类，既能滋补，又有助于清理体内毒素。
白萝卜、樱桃萝卜的辛辣感，搭配苦菊的清香，十分开胃解腻。

享受加倍的膳食纤维

一提到富含膳食纤维的食物，人们首先就想到绿叶蔬菜，其实牛蒡、香菇这些性质温和的根茎类蔬菜和菌菇类蔬菜，膳食纤维含量更高，尤其适合老人、肠胃不好的人，以及体弱多病者食用。

材料

牛蒡（切成薄片）............1/6 根
白萝卜（削成薄片）........1/8 根
核桃仁（碾碎）...............1/4 杯
樱桃萝卜（对半切开）.....2 个
香菇（切成薄片）............2 个
苦菊（切成小段）............1 小把

酱料

多味芝麻酱（p.62）........3 大匙

做法

1. 牛蒡、香菇分别用沸水焯至断生，捞出沥干水分，凉凉。
2. 将酱料倒入玻璃罐中，再依次逐层放入牛蒡、白萝卜、核桃碎、樱桃萝卜、香菇、苦菊。

保存期限
冷藏约 1 天

963
KJ
+
吐司 1 片
=
1662
KJ

黄圆椒花菜沙拉

南瓜放在玻璃罐底层，充分吸收了酱汁的味道，吃起来更美味。
坚果碎混合着味道清淡的蔬菜，嚼在嘴里，满口香酥。

轻食主义更要讲究搭配

大鱼大肉不再是美味的代名词，现代人越来越在乎吃得健康，选择“轻食”排出体内的毒素。轻食不是简单的节食，在控制总热量的同时还需保证营养均衡。偶尔用南瓜代替主食，再搭配些蔬菜、坚果，是个不错的选择。

材料

南瓜（切成小块）............1/2 杯
胡萝卜（切成小块）........1/4 根
黄圆椒（切成粗丝）........1/2 个
花菜（分成小朵）............1/4 棵
西蓝花（分成小朵）........1/4 棵
杏仁（碾碎）...................适量

酱料

多味芝麻酱（p.62）........3 大匙

做法

1. 南瓜、花菜、西蓝花分别焯煮至断生，捞出沥干，凉凉。
2. 将酱料倒入玻璃罐中，再依次逐层放入南瓜、胡萝卜、黄圆椒、花菜、西蓝花、杏仁碎。

保存期限
冷藏约 1 天

1231
KJ
+
吐司 1 片
=
1230
KJ

黑木耳豆芽松仁沙拉

适宜冷藏一两天后食用，待黑木耳充分吸收了酱汁，吃起来更有味。
松子仁口感爽滑，富含不饱和脂肪酸，和蔬菜的营养成分互补，并能增强通便作用。

常吃黑木耳清理体内垃圾

黑木耳中含有丰富的胶质，除有促进肠蠕动的作用外，还有很强的吸附能力，可把残留于消化道内的有害物质吸附集中起来排出体外，并能减少身体对油脂的吸收，常吃黑木耳可排毒、养颜、瘦身。

材料

黑木耳（切成细丝）........1/2 杯
黄瓜（切成细丝）............1/4 根
红甜椒（切成细条）........1/2 个
绿甜椒（切成细条）........1/4 个
豆芽................................1/2 杯
松子仁.............................2 大匙

酱料

黑芝麻味噌酱（p.63）.....3 大匙

做法

1. 豆芽下入沸水中焯一下，捞出，沥干水分。
2. 把酱料倒入玻璃罐中，再依次逐层放入黑木耳、黄瓜、红甜椒、绿甜椒、豆芽、松子仁。

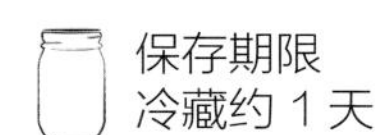

607
KJ
+
橙子1个
=
816
KJ

白萝卜肥牛片沙拉

肥牛片采用水煮的方式，不添加其他油脂，为身体补充健康和元气。
白萝卜、豆苗等口味清爽的蔬菜与加了芝麻酱的浓郁酱料堪称绝妙的组合。

换种方式吃“火锅”

涮肉是吃火锅的“重头戏”，但在家做一次火锅既费时又费力，想简简单单吃几片涮肉，其实不用那么复杂。把涮肉和自己喜欢吃的蔬菜做成玻璃罐料理，再配上加了芝麻酱的酱料，随吃随取。

材料

火锅用肥牛片……50 克
白萝卜（切成细丝）……1/8 根
圣女果（切成圆片）……5 个
豆苗……1/4 盒

酱料

日式拌酱（p.63）……1.5 大匙
芝麻酱……1 小匙

做法

1. 肥牛片放入沸水中烫熟，捞出沥干水分，凉凉。
2. 豆苗、白萝卜丝分别焯片刻，捞出沥干水分，凉凉。
3. 将酱料混合均匀，制成拌酱。
4. 依照拌酱、白萝卜丝、圣女果、肥牛片、豆苗的顺序，逐层放入玻璃罐中。

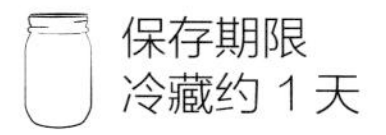
保存期限
冷藏约 1 天

果香鸡肉鲜蔬沙拉

鸡胸肉经过简单的处理，再搭配酱汁，
便具有独特的风味。
葡萄柚清香解腻，补充维生素 C。

材料

鸡胸肉..............................50 克
盐、黑胡椒、料酒............各少许
西红柿（切成小方块）.....1/2 个
黄瓜（切成小方块）........1/3 根
葡萄柚（去除薄皮）........1/4 个
生菜（用手撕成小片）.....1 片

酱料

白葡萄酒醋酱（p.62）..... 1.5 大匙
香草碎（干燥）..............少许

保存期限
冷藏约 1 天

做法

1. 鸡胸肉用刀划几道，放入容器中，撒上盐、黑胡椒，倒入料酒，腌渍片刻，盖上保鲜膜后放进微波炉加热 2~3 分钟，去除保鲜膜凉凉，撕成细丝。
2. 将酱料混合均匀，制成拌酱。
3. 依照拌酱、西红柿、黄瓜、葡萄柚、鸡胸肉、生菜的顺序，逐层放入玻璃罐中。

葡萄柚坚果沙拉

葡萄柚是少有的富含钾而几乎不含钠的水果，适合高血压、心脏病及肾脏病患者食用。

材料

芹菜（切成小段）............1/3 根
胡萝卜（切成细丝）........1/2 根
葡萄柚（去除薄皮）........1/4 个
葡萄干.............................1 大匙
核桃仁（碾碎）...............3 个
生菜（用手撕成小片）.....适量
苦菊（切成小段）............适量

酱料

白葡萄酒醋酱（p.62）.....1.5 大匙

做法

将酱料倒入玻璃瓶中，再依次逐层放入芹菜、胡萝卜、葡萄柚、葡萄干、核桃碎、生菜、苦菊。

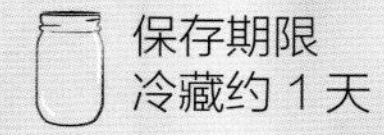

保存期限
冷藏约 1 天

364
KJ
+
米饭 1 碗
=
850
KJ

秋葵甜椒苦菊沙拉

日式酱料中加入了家常口味的剁椒酱，切成细丝的白萝卜有了更具风格的口感。
这款沙拉热量极低，清爽解腻，适宜搭配肉类菜品一起食用。

秋葵的简单新吃法

秋葵是蔬菜界近几年来备受推崇的“宠儿”，它富含多种抗疲劳、延缓衰老、美容养颜的营养成分，男女老幼皆宜食用。秋葵中含有黏液物质，口感香滑，选择较嫩的秋葵用水煮熟，再沾上喜欢的酱料，是既简单又健康的吃法。

材料

白萝卜（切成细丝）........1/8 个
秋葵（切成圆片）............5 根
红甜椒（切成细丝）........1/4 个
苦菊（切成小段）............适量

酱料

日式拌酱（p.63）...........1.5 大匙
剁椒酱.............................1/2 小匙

做法

1. 白萝卜、秋葵分别焯水至断生，捞出沥干水分，凉凉。
2. 将酱料混合均匀，制成拌酱。
3. 依照拌酱、白萝卜、秋葵、红甜椒、苦菊的顺序，逐层放入玻璃罐中。

保存期限
冷藏 2~3 天

699
KJ
+
米饭 1 碗
=
1185
KJ

山药南瓜秋葵沙拉

秋葵、山药加上肉片，在精神不振时给你迅速“充电”，恢复疲劳。
南瓜有养胃的作用，体力较差时肠胃功能也会下降，搭配酸梅汁更有助消化。

酱料随心配的乐趣

在玻璃罐料理中，酱料至关重要，美味的酱料有助于提升食物的整体口感。而制作罐沙拉的乐趣之一，就是可以根据自己的喜好随意调配独特的酱料，比如这款沙拉，在经典的日式拌酱中加入一点酸梅汁，激发出新的味觉刺激。

材料

猪肉（切成薄片）............50 克
料酒................................少许
山药（切成小丁）............50 克
油麦菜（切成小段）........适量
南瓜（切成小丁）............50 克
秋葵（切成圆片）............5 根

酱料

日式拌酱（p.63）...........1 大匙
酸梅汁 ....1 大匙

做法

1. 猪肉片下入沸水中，加少许料酒，汆熟后捞出，沥干水分，凉凉。
2. 山药、南瓜分别焯煮至断生，捞出，沥干水分，凉凉。油麦菜烫熟捞出，沥干水分，凉凉。
3. 将酱料混合均匀，制成拌酱。
4. 依照拌酱、山药、南瓜、秋葵、肉片、油麦菜的顺序，逐层放入玻璃罐中。

保存期限
冷藏约 1 天

1126
KJ
+
米饭 1 碗
=
1612
KJ

干贝莲藕牛蒡沙拉

干贝的味道极其鲜美，而且是低卡食材，瞬间让玻璃罐料理豪华起来。
莲藕可以滋阴清热、美容养颜，非常适合女性食用。

玻璃罐料理也能玩奢侈

玻璃罐料理一直是都市“速食族”的最爱，但谁说为了方便就一定要应付？偶尔选择一些营养丰富的“高档”食材来均衡营养，为自己的生活增添健康和乐趣，才不愧是热爱生活和美食的时尚达人。

材料

干贝（泡发）……60克
料酒……1/2大匙
莲藕（切成扇形小块）……50克
黄瓜（切成小方块）……1/3根
牛蒡（切成圆片）……50克
圣女果（切成4等分）……5个
生菜（用手撕成小片）……1片

酱料

日式拌酱（p.63）……1.5大匙
绿芥末酱……少许

做法

1 将干贝下入沸水中，加入料酒，煮至熟，捞出，沥干水分，凉凉。

2 莲藕、牛蒡分别焯水至断生，捞出，沥干水分，凉凉。

3 将酱料混合均匀，制成拌酱。

4 依照拌酱、干贝、莲藕、黄瓜、牛蒡、圣女果、生菜的顺序，逐层放入玻璃罐中。

保存期限
冷藏约1天

1323
KJ
+
吐司 1 片
=
2022
KJ

家常风味什锦沙拉

每种食材都切成丝状，拌着吃非常方便，适合用筷子食用。
千张富含植物蛋白，可以补充蔬菜中缺乏的营养成分，又能增强饱腹感。

中式酱料给你十足家常感

散发着芝麻香的中式酱料，让每一口蔬菜都充满“家”的味道。传统美食“千张”和最家常的蔬菜、火腿搭配，任谁都吃得惯。将各种食材丝搅拌在一起，夹起一筷子送进嘴里，荤素全有，别提多带劲了。

材料

千张（切成细丝）............半块
黄豆芽.............................70 克
胡萝卜（切成细丝）........1/3 根
黄瓜（切成细丝）............1/4 根
火腿片（切成细丝）........2 片

酱料

中式拌酱（p.63）...........1.5 大匙

做法

1. 千张丝、黄豆芽用沸水焯至断生，捞出，沥干水分，凉凉。
2. 依照拌酱、胡萝卜、黄瓜、黄豆芽、千张、火腿丝的顺序，逐层放入玻璃罐中。

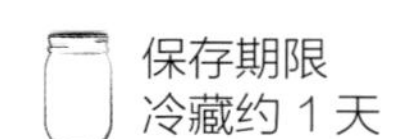
保存期限
冷藏约 1 天

菠菜鱼肉黄豆芽沙拉

爽口葱丝沙拉

菠菜鱼肉黄豆芽沙拉

焯烫过的菠菜已去除了大部分草酸，不会影响蛋白质的吸收，和鱼肉一起吃营养均衡。

材料

鱼肉罐头..........................80 克
菠菜（切成长段）............1/2 棵
黄豆芽.............................70 克
西红柿（切成小方块）.....1/2 个
生菜（用手撕成小片）.....1 片

酱料

中式拌酱（p.63）...........1 大匙
芝麻酱.............................1 小匙

做法

1 菠菜、黄豆芽分别焯水至断生，捞出，沥干水分，凉凉。

2 将酱料混合均匀，制成拌酱。

3 依照拌酱、鱼肉罐头、菠菜、黄豆芽、西红柿、生菜的顺序装罐。

保存期限
冷藏约 1 天

爽口葱丝沙拉

葱丝微辣，爽口解腻，这道罐沙拉搭配鱼肉大餐一起吃，再合适不过。胡萝卜、紫甘蓝具有增强抗衰老的作用。

材料

葱白（切成细丝）............1/2 根
胡萝卜（切成细丝）........1/3 根
黄瓜（切成细丝）............1/2 根
紫甘蓝（切成细丝）........1/8 棵

酱料

中式拌酱（p.63）...........1 大匙
香油...............................1 小匙
蒜末...............................1/4 小匙

做法

1 把葱白从水中捞出，充分沥干水分。

2 将酱料混合均匀，制成拌酱。

3 依照拌酱、葱白、胡萝卜、黄瓜、紫甘蓝的顺序，逐层放入玻璃罐中。

保存期限
冷藏 2~3 天

862
KJ
+
吐司 1片
=
1561
KJ

土豆菠菜胡萝卜沙拉

加入足量的土豆，能增强饱腹感，可以代替一顿正餐。
菠菜、胡萝卜、圣女果这些颜色不同的蔬菜，富含不同的有益营养素。

一罐吃饱并不难

玻璃罐虽然看起来体积小，但如果一层一层地装满，分量也是不少的哦！再加上合理地选择食材的种类，兼顾营养搭配，用一瓶玻璃罐料理替代一份正餐并不是难事。偶尔给千篇一律的食谱来点变化吧！

材料

土豆……150克
菠菜（切成长段）……1/2棵
胡萝卜（切成细丝）……1/4根
洋葱（切成丝）……1/8个
圣女果（对半切开）……4个

酱料

中式拌酱（p.63）……1/2大匙
沙拉酱……1/2大匙
辣椒酱……1小匙

做法

1. 土豆用蒸锅蒸熟，剥皮后切成小块。
2. 菠菜用沸水焯烫片刻，去除草酸，捞出，沥干水分。
3. 将酱料混合均匀，制成拌酱。
4. 依照拌酱、土豆、菠菜、胡萝卜、洋葱、圣女果的顺序，逐层放入玻璃罐中。

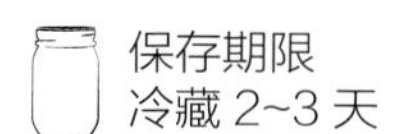
保存期限
冷藏2~3天

578
KJ
+
吐司 1 片
=
1277
KJ

五彩杂蔬原味沙拉

用最简单的沙拉酱，搭配精心挑选的五色时蔬，吃出不简单的感觉。
一罐看起来就让人心情愉悦的沙拉，随时随地都是一道风景。

别忘了简单的美好

美食和生活一样，都不需要太复杂，但需要用心。比如，用心发现食材本身的美好。常见的蔬菜大都具有丰富的色彩、鲜甜的滋味，以及不同的营养价值，稍加搭配，就能创造出一道令人惊喜的美味。

材料

洋葱（切成小碎丁）........1/8 个
胡萝卜（切成细丝）........1/4 根
毛豆................................40 克
盐....................................少许
甜玉米粒（罐头）............60 克
紫甘蓝（切成细丝）........20 克
包菜（切成细丝）............20 克

酱料

沙拉酱.............................2 大匙

做法

1. 毛豆下入沸水中，加少许盐，煮至熟，捞出，沥干水分，凉凉。
2. 包菜用沸水焯烫片刻，捞出，沥干水分。
3. 依照酱料、洋葱丁、胡萝卜、毛豆、甜玉米粒、紫甘蓝、包菜的顺序，逐层放入玻璃罐中。

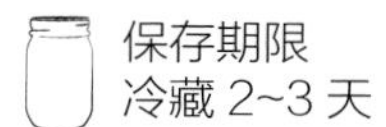
保存期限
冷藏 2~3 天

908
KJ
+
吐司 1片
=
1607
KJ

芥末双豆沙拉

豆类富含植物蛋白，是人体优质的蛋白质来源，多种豆类搭配营养更丰富。
黄芥末酱的味道温和，没有绿芥末酱刺激，大部分人都能接受。

豆类是膳食纤维的重要来源

蔬菜、水果并不是膳食纤维的唯一来源，豆类中的膳食纤维含量也非常高，因此同样具有通便、排毒、清理体内垃圾的作用，尤其适合老年人及体弱者、胃寒者食用。

材料

牛蒡（斜切成片）............1/8 根
红腰豆（罐头）...............2 大匙
鹰嘴豆.............................2 大匙
西蓝花（分成小朵）........60 克
生菜（用手撕成小片）.....1 片

酱料

沙拉酱.............................1.5 大匙
黄芥末酱..........................1 小匙

做法

1. 牛蒡、鹰嘴豆、西蓝花分别下入沸水中焯煮至熟，捞出，沥干水分，凉凉。
2. 将酱料混合均匀，制成拌酱。
3. 依照拌酱、牛蒡、红腰豆、鹰嘴豆、西蓝花、生菜的顺序，逐层放入玻璃罐中。

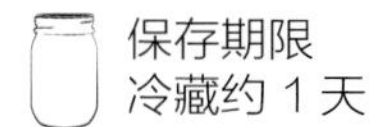

保存期限
冷藏约 1 天

1080
KJ
+
吐司 1 片
=
1779
KJ

MOUTH

虾仁西蓝花卤蛋沙拉

虾仁是高蛋白低脂肪的优质食材，用清水煮熟的虾仁方便储存，蘸酱后风味独特。卤蛋、牛油果是补充能量的“实力派”，洋葱、西蓝花可防止血脂升高。

让好吃的食材“在一起”

虾仁、卤蛋、牛油果，这些食材光听着就让人流口水，一起做成一道玻璃罐料理，定能满足饕餮的期待。玻璃罐料理就是可以随心搭配！把喜欢的吃的食材集合在一起，充分照顾好自己的味蕾。

材料

虾……6只
洋葱（切成碎粒）……1/8个
牛油果（切成小方块，并淋上少许柠檬汁）……1/4个
黑橄榄（切成圆片）……30克
西蓝花（分成小朵）……30克
卤蛋（切成圆片）……1个
生菜（用手撕成小朵）……1片

酱料

沙拉酱……1.5大匙
番茄酱……1小匙
辣椒粉……少许

做法

1. 虾去壳、去虾线，用沸水烫熟，捞出凉凉。
2. 西蓝花用沸水中焯至熟，捞出，沥干水分，凉凉。
3. 将酱料混合均匀，制成拌酱。
4. 依照拌酱、洋葱、牛油果、黑橄榄、虾仁、西蓝花、卤蛋、生菜的顺序，逐层放入玻璃罐中。

保存期限
冷藏约1天

如何挑选低热量食材

用玻璃罐盛装饭食，材料一目了然，因此很容易计算并控制热量。

自己设计玻璃罐料理的食谱时，掌握以下选材诀窍，就能兼顾美味与低热量。

01

米饭类食材不超过玻璃罐的一半

米饭不要塞得太紧，松松的即可，这样也方便倒出或搅拌。如果选用的是480毫升的玻璃罐，装到比一半少一点的高度即可，为100~120克。这样就不用担心摄入的糖类太多，又能基本吃饱。

02

选择异形意大利面，容易填满空间

意大利面最好选择笔尖形、螺旋形、动物形等异形的短面，借其较大的体积和内部的空隙来防止塞入过多。如果要使用细长的意面，则可以少装一些，还可以在煮好的意面中混入一些切片的洋葱来增加体积。

03

尽量少用油，并搭配柠檬汁

玻璃罐料理大部分食材都是冷处理的，因此可以多使用橄榄油，用柠檬汁搭配橄榄油不仅味道好，而且能起到消脂作用。炒肉末时，由于肉末本身会出油，所以可以尽量少放油，也可以不加油。

04

巧妙地处理肉类

制作玻璃罐料理一般选用瘦肉，因为食用时要蘸酱料，所以只需简单的水煮、清蒸、微波等处理即可，热量不高。如果不怕麻烦，可以在肉馅中混入豆腐、蔬菜丁，能进一步降低热量。

05

食物的种类和质感要丰富

蔬菜、水果尽量多选择几种颜色搭配在一起，营养均衡，热量也不会高。充分利用豆类、坚果类等耐嚼的食材平衡口感，增加饱腹感。食材焯水时间不宜太长，保留一些硬度营造口感。

06

注重调味，不要太清淡

如果饮食的味道太淡，会让人感觉吃得不够，不知不觉就吃太多。所以务必注重玻璃罐料理的调味，选择自己喜欢的酱料，以增加满足感。此外，调味浓一点儿也有助于食物的贮存，延长保鲜期。

07

蔬菜

○叶菜类易吸附酱汁，但容易腐坏，添加量不宜多。处理时用手撕比用刀切更能保持其风味。

○红薯、土豆、芋头、山药、胡萝卜等，需要加热去皮后再使用，能提供饱腹感，并具有润肠通便的作用。

○菜花、西蓝花等，营养素含量较全面，对酱料有很好的吸附性，但易生虫，不可生食，需焯水后食用。

08

水果

○苹果、梨等需要去除种子和果皮，取果肉食用。去皮后应立即放进冷水中浸泡，以免在空气中氧化变黑。

○橙子、柚子、葡萄柚、金橘等，可为罐沙拉增加酸甜清爽的口感。

○葡萄、草莓、桑葚、蓝莓等，口感酸甜诱人，可为整罐沙拉“画龙点睛”，但忌碰撞和挤压，宜最后放入，摆在最上层。

09

蛋白质食品

○将鸡蛋、鸭蛋、鹌鹑蛋等煮熟，切成两半，直接装入罐中即可，蘸上酱汁后食用非常美味。

○有一定硬度、不怕挤压的豆制品，如豆干、豆皮丝、冻豆腐、豆腐泡等，添加在罐沙拉中能增强饱腹感。

○猪肉、牛肉、鸡肉、鸭肉等，宜选择便于切成小块的无骨肉。

○虾类、鱿鱼、章鱼等应处理干净。

10

米面杂粮

○大米、薏米、燕麦、黄豆、绿豆等，需蒸熟后使用。

○意大利面、荞麦面、米粉、凉皮等，大部分需煮熟并放凉后使用。

○面包、饼干、蛋糕、煎饼等，需掰成小块使用，整块饼干可当夹层，压碎的饼干则可代替坚果使用。

○核桃仁、花生、芝麻、腰果、杏仁等，可用小火煸炒后使用，香味更浓郁。

Part 3

玻璃罐甜点

爱吃下午茶甜点，
又怕买的甜品热量太高，
玻璃罐料理就能帮你搞定。
把喜欢吃的甜点和什锦水果一起放入玻璃罐中，
不但完美地控制了热量，
而且新鲜的创意更让人欲罢不能。

2419 KJ
+
红茶1杯
=
2445 KJ

杏仁酸奶麦片

椰丝、葡萄干的魅力，告诉你酸奶麦片也可以花样多变。
香甜的高纤维麦片能助你远离糖尿病，并能有效控制体内脂肪，保持身材苗条。

瘦出完美曲线

酸奶麦片的搭配方式多样，颇受大众欢迎。酸奶麦片能改善肠内环境，排毒功效突出。蓝莓富含花青素，能消除眼睛疲劳。质硬的杏仁，能够润肺止咳、滑肠通便，也使整个甜点的口感得到中和，减轻甜腻。

材料

即食麦片……1/2 杯
大杏仁（碾碎）……3/4 杯
葡萄干……1/4 杯
椰丝……1/4 杯
蓝莓……8~10 颗

酱料

酸奶……1/4 杯

做法

依照酸奶、即食麦片、大杏仁、葡萄干、椰丝、蓝莓的顺序，逐层放入玻璃罐中。

保存期限
冷藏约 1 天

2315
KJ
+
红茶 1 杯
=
2340
KJ

volumes and
critical success
little they could do to:
robbers
includes m
to a long

甜醇什锦果麦

很多女性心甘情愿被营养丰富、味道鲜美的草莓与蓝莓套牢。
有麦片的地方，总能弥漫保健瘦身的正能量。

女性挚爱这一罐

瓜子仁中的钾元素对保护心脏、预防高血压裨益颇多。咸香浓郁的花生酱，夹着甜点中的最佳“美容主角”草莓和蓝莓，能让你收获满满的幸福滋味。麦片简易的加工方式能完好地保留其矿物质和维生素，从而改善血液循环，缓解生活与工作带来的压力。

材料

什锦麦片……1/2 杯
香蕉（切成圆片）……1 根
草莓（切成圆片）……4 颗
蓝莓……8~10 颗
瓜子仁……1 大匙

酱料

花生酱……2 大匙

做法

将花生酱放入玻璃罐中，再依次放入什锦麦片、香蕉、草莓、蓝莓，最后撒上瓜子仁。

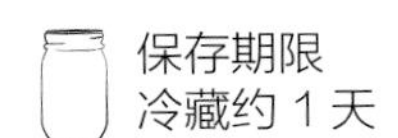

1423
KJ
+
酸奶 1 杯
=
1725
KJ

鲜果千层酥

千层酥集酥、脆、香、甜于一身，是下午茶的理想选择。
牛油果可以为疲劳的下午补充能量，草莓、橙子沁人心脾的香甜顿时唤醒活力。

美肤又美味

牛油果含有优质脂肪及滋润皮肤的维生素 E，能提升皮肤的保水能力。橙子、草莓所含的维生素 C 与抗氧化物质极其丰富，能显著提亮肤色。这道可口的玻璃罐下午茶甜点，不但能满足你的味蕾，更能助你展现好气色。

材料

千层酥（掰成小块）........40 克
猕猴桃（切成小块）........1 个
香蕉（切成小块）............1/2 根
橙子（去薄皮后切块）.....1/2 个
牛油果（切成小方块）.....1/4 个
草莓（切成小块）............3 颗

酱料

蜂蜜.................................2 大匙

做法

1 将千层酥放入玻璃罐中，再依次放入猕猴桃、香蕉、橙子、牛油果、草莓。

2 淋上准备好的蜂蜜。

保存期限
冷藏约 2 天

850
KJ
+
酸奶 1 杯
=
1151
KJ

原味百香鲜果

最传统的水果大餐，把红的黄的白的橙的满满装进玻璃罐，心情大好。
沙拉酱是赋予水果美味魔法的开胃酱汁，也造就其水果“灵魂伴侣”的地位。

回归经典的搭配

百香果有着迷人芳香，富含人体必需的17种氨基酸及多种维生素、微量元素等有益成分，具有消除疲劳、消炎去斑等神奇功效。红提可提神解酒，抗肿瘤；菠萝含菠萝朊酶，能分解蛋白质，帮助消化，并能促进血液循环。水果搭配沙拉酱的爽滑口感，滋味无穷。

材料

百香果（取果汁和果肉）.1个
牛油果（切成小方块）.....1/2个
橙子（去薄皮后切块）.....1/2个
红心火龙果（切块）........1/4个
菠萝（切成小块）............1/8个
红提子（对半切开）........4~5颗

酱料

沙拉酱.............................2大匙

做法

1. 将沙拉酱倒入玻璃罐中，再倒入百香果果汁及果肉。
2. 依次放入牛油果、橙子、红心火龙果、菠萝、红提子。

保存期限
冷藏约2天

1293 KJ + 草莓汁 1杯 = 1503 KJ

鲜果奶油戚风

奶油香浓细腻，与戚风蛋糕堪称绝配。自制的奶油可以少加糖，更健康。
蓝莓中的花青素可以促进视网膜细胞中的视紫质再生，能预防近视，增进视力。

人气甜点的健康“小心思”

芒果所含的维生素 A 成分特别高，具有防癌、抗癌的作用，大量的维生素也能起到滋润皮肤的作用。红心火龙果中的花青素含量比白的多，抗氧化功效更强，是绝佳的保健水果。制作戚风蛋糕使用的是植物油，比牛油蛋糕健康，质地也较为湿润，口感极佳。

材料

戚风蛋糕（切成小块）.....40 克
淡奶油.............................1 杯
白糖................................20 克
芒果（切成小丁）...........1/2 个
蓝莓................................15 颗
红心火龙果（切丁）........1/4 个

做法

1. 取一个较大的容器，倒入淡奶油、白糖，用电动搅拌机打发至奶油不能流动为止。
2. 将打发好的奶油装入裱花袋中，在裱花袋尖端剪开一个直径约 1 厘米的小口。
3. 在玻璃罐中放入戚风蛋糕，挤入一层奶油，然后放入芒果，再挤入一层奶油。
4. 放入蓝莓，再挤入一层奶油，最后撒上红心火龙果丁。

保存期限
冷藏约 1 天

649 KJ
+
红茶 1杯
=
674 KJ

风味抹茶双薯泥

抹茶粉香气特殊，色泽翠绿，只需撒上一点点，顿时令整道沙拉更加诱人。
红薯、紫薯富含质地温和的膳食纤维，具有通便排毒、养护肠胃的作用。

越“色”越健康

红薯的必需氨基酸含量高，有“长寿食品”之誉。紫薯中的花青素对心血管疾病有预防作用。抹茶中含茶多酚，能够再生人体内的高效抗氧化物质，增强机体免疫力，同时还跟眼睛的健康和美容有莫大的关系，其“绿色”本质受到爱美女性的青睐。

材料

红薯................................50 克
紫薯................................50 克
草莓（去蒂后切小块）.....4 颗
橙子（去薄皮后切块）.....1/2 个
抹茶粉............................少许

酱料

酸奶................................1/2 杯

做法

1. 红薯、紫薯放入蒸锅中蒸熟，取出凉凉，压成泥状。
2. 将一半酸奶倒入玻璃罐中，再依次放入紫薯泥、红薯泥、草莓、橙子。
3. 倒入另一半酸奶，撒上抹茶粉。

保存期限
冷藏约 2 天

678
KJ
+
酸奶 1 杯
=
979
KJ

甜蜜鲜果龟苓膏

蜜豆、山楂片、芒果都是龟苓膏的“完美伴侣”，一起吃也很和谐。
椰汁是中医记载的“养生第一果汁”，是极好的清凉解渴之品。

传统养生美味

龟苓膏主要以名贵的鹰嘴龟和土茯苓为原料，是为人们所熟知的清热解毒、消除暗疮、润肠通便的佳品。蜜豆富含淀粉，被李时珍称为“心之谷”，能清心养神。蜂蜜所含矿物质种类多样，也有助安神补血。椰汁、蜂蜜能稍微减轻龟苓膏的苦味，使其更容易入口。

材料

龟苓膏（切成小块）........150 克
芒果（切成小块）............1/4 个
桃子（切成小块）............1/2 个
蜜豆................................2 大匙
山楂片（掰碎）..............1 大匙

酱料

椰汁................................1/2 杯
蜂蜜................................2 大匙

做法

1. 将椰汁、蜂蜜倒入玻璃罐中，再放入切好的龟苓膏。
2. 放入芒果、桃子，最后撒上蜜豆、山楂片。

保存期限
冷藏 2~3 天

椰汁果球西米露

抹茶牛奶西米露

1976 KJ

2085 KJ

椰汁果球西米露

西米有温中健脾、改善消化不良的功效，夏天来一罐鲜果西米露，既能解暑，又能养护脾胃。

材料

西米……………………………25 克
猕猴桃…………………………1 个
火龙果…………………………1/2 个
哈密瓜…………………………1/4 个
西瓜……………………………1/4 个
薄荷叶…………………………适量

酱料

椰汁……………………………1/3 杯

做法

1. 将西米倒入沸水中，边煮边搅拌，煮至西米中还剩一个小白点时，关火加盖闷 15 分钟。
2. 捞出已变透明的西米，放入凉水中浸泡片刻，再捞出，沥干水分。
3. 用挖勺将猕猴桃、火龙果、哈密瓜、西瓜的果肉挖成小圆球。
4. 将椰汁倒入玻璃罐中，再依次放入西米、猕猴桃球、火龙果球、哈密瓜球、西瓜球，最后放上薄荷叶。

保存期限
冷藏约 2 天

抹茶牛奶西米露

材料

西米……………………………25 克
橙子（切成小块）…………1/2 个
木瓜（切成小块）…………1/4 个
草莓（去蒂后切块）………5 颗
蓝莓……………………………8~10 颗
杏仁片…………………………1 大匙

酱料

牛奶……………………………1/3 杯
抹茶粉…………………………1 小匙

做法

1. 将西米倒入沸水中，边煮边搅拌，煮至西米中还剩一个小白点时，关火加盖闷 15 分钟。
2. 捞出已经变透明的西米，放入凉水中浸泡片刻，再捞出，沥干水分。
3. 将抹茶粉倒入牛奶中拌匀，再倒入玻璃罐中。
4. 依次将西米、木瓜、草莓、橙子、蓝莓放入玻璃罐中，最后撒上杏仁片。

保存期限
冷藏约 2 天

1528
KJ
+
苹果 1个
=
1737
KJ

大枣莲子绿豆爽

加了莲子、大枣，并散发着奶香和淡淡桂花香的绿豆沙，你不想试试吗？
红色的枣、白色的莲子、黄色的桂花，不仅能丰富绿豆沙的色彩，更能均衡其营养。

好营养需要搭配

绿豆沙吃到嘴里清香爽滑，并且容易消化，具有清热解毒、消暑止咳、利尿润肤等健康功效，是老幼皆宜的健康饮品，尤其受到爱美女性的青睐。如果再加入养血安神的大枣、健脾清心的莲子、润肺化痰的桂花、生津润肠的牛奶，营养就更全面了。

材料

绿豆（干燥）..................20 克
莲子（干燥）..................20 颗
大枣................................5 颗
干桂花............................少许

酱料

牛奶................................1/2 杯
蜂蜜................................2 大匙

做法

1. 绿豆、莲子用清水泡发，煮至熟，捞出，凉凉。
2. 大枣对半切开，去核，再切成小块。
3. 将牛奶倒入玻璃罐中，再放入大枣、绿豆、莲子。
4. 淋上蜂蜜，最后撒上干桂花。

保存期限
冷藏 2~3 天

2980
KJ
+
酸奶 1 杯
=
3282
KJ

果心奥利奥盆栽

一罐好吃又好玩的沙拉，从上面看像一个“小盆栽”，从侧面看像缤纷的彩虹。
满足你对甜食的渴望，又有多种水果为你补足水分、维生素、膳食纤维。

自己动手满足好奇心

奥利奥盆栽是一种好吃又有趣的甜点，让人一看到就忍不住跃跃欲试。可是奶油加巧克力饼干的搭配，又让不少想要保持身材的女性望而却步，其实只要花点小心思，把“盆栽”下面的大部分奶油换成新鲜水果，就可以两全其美了。

材料

奥利奥饼干......................40 克
淡奶油............................1 杯
白糖................................20 克
猕猴桃（切成小块）........1 个
草莓（切成小块）............4 颗
芒果（切成小块）............1/2 个

做法

1. 奥利奥饼干取巧克力部分，放入保鲜袋中敲碎成粉末。
2. 取一个较大的容器，倒入淡奶油、白糖，用电动搅拌机打发至奶油不能流动为止。
3. 将打发好的奶油装入裱花袋中，在裱花袋尖端剪开一个直径约为 1 厘米的小口。
4. 将一半奥利奥碎放入玻璃罐中，挤入一层奶油，放入什锦水果。
5. 再挤入一层奶油，放入另一半奥利奥碎。最后点缀几块水果即可。

保存期限
冷藏约 1 天

草莓坚果奶油千层

坚果中的油脂是对人体有益的不饱和脂肪酸，平时应适量摄取。多种坚果碎搭配草莓，营养味道都满分。

材料

淡奶油……1 杯
白糖……20 克
核桃仁（碾碎）……2 大匙
瓜子仁（碾碎）……2 大匙
杏仁（碾碎）……2 大匙
草莓（切成 4 等分）……4 颗

保存期限
冷藏约 1 天

做法

1. 取一个较大的容器，倒入淡奶油、白糖，用电动搅拌机打发至奶油不能流动为止。
2. 将打发好的奶油装入裱花袋中，在裱花袋尖端剪开一个直径约为 1 厘米的小口。
3. 所有的坚果碎混合均匀，将其中三分之一倒入玻璃罐中，挤入一层奶油。
4. 放上一半草莓，铺入三分之一坚果碎，再挤入一层奶油。
5. 放上剩下的草莓，撒上剩下的坚果碎即可。

3667
KJ